停不下来：
牛顿物理 ③

[加拿大] 克里斯·费里　著/绘　　那彬　译

中国少年儿童新闻出版总社
中国少年儿童出版社
北　京

作者简介 ⋯⋯⋯⋯⋯⋯⋯⋯⋯⋯⋯⋯⋯⋯⋯⋯⋯⋯⋯⋯⋯⋯⋯⋯⋯⋯

　　克里斯·费里，80 后，加拿大人。毕业于加拿大名校滑铁卢大学，取得数学物理学博士学位，研究方向为量子物理专业。读书期间，克里斯就在滑铁卢大学纳米技术研究所工作，毕业后先后在美国新墨西哥大学、澳大利亚悉尼大学和悉尼科技大学任教。至今，克里斯已经发表多篇有影响力的权威学术论文，多次代表所在学校参加国际学术会议并发表演讲，是当前越来越受人关注的量子物理学领域冉冉升起的学术新星。

　　同时，克里斯还是 4 个孩子的父亲，也是一名非常成功的少儿科普作家。2015年 12 月，一张 Facebook（脸书）上的照片将克里斯·费里推向全球公众的视野。照片上，Facebook（脸书）创始人扎克伯格和妻子一起给刚出生没多久的女儿阅读克里斯·费里的一本物理绘本。这张照片共收获了全球上百万的赞，几万条留言和几万次的分享。这让克里斯·费里的书以及他自己都受到了前所未有的关注。

　　扎克伯格给女儿阅读的物理书，只是作者克里斯·费里的试水之作。2018 年，克里斯·费里开始专门为中国小朋友做物理科普。他与中国少年儿童新闻出版总社全面合作，为中国小朋友创作一套学习物理知识的绘本——"红袋鼠物理千千问"系列。

红袋鼠大声喊："我停不下来了！克里斯博士，物理能救救我吗？"

克里斯博士说："你这是被惯性带着走了！物理能救你，但你需要学习一下**动量**这个概念。"

哎呀！

红袋鼠说："我的物理学书里说，惯性就是要保持动量不变。但什么是动量呢？"

克里斯博士回答说："动量是一种你既可以自己拥有又可以被给予的物理量。它是由两个物理量组成的：质量和速度。"

克里斯博士接着说："质量是说一个物体含有多少物质。"

红袋鼠说："同样的物质，大球的质量多，小球的质量少。"

红袋鼠接着说："我可以用体重秤测量我的重量。"

克里斯博士说："我们可以用秤来测量重量。但重量和质量是两码事。"

克里斯博士说："你在地球上的重量是重力拉着你的结果。在月球上，重力产生的拉力小，所以你在月球上称重，就会比较轻。"

红袋鼠说："虽然我在地球和月球上称，身体的重量不同，但是，我的身体还是由那么多的物质构成的，我的质量是不会变的。"

克里斯博士说："要理解动量，
质量是很重要的，还有就是速度。"

红袋鼠说："我知道速度。速度是说我能跑多快！"

克里斯博士说："和力一样，你说的速度是有方向的。速度的大小加上方向才能称为速度。你可以用带箭头的线段来表示速度，线段的长短表示速度的大小，箭头代表方向。"

红袋鼠问："那动量就是重量和速度吗？"

克里斯博士说："接近了！**动量是质量乘以速度。**如果你知道质量和速度，也就知道动量了。"

动量＝质量×速度

克里斯博士说："动量越大意味着越难停下来。它也能告诉你如果停不下来，会摔得有多惨！"

红袋鼠说："不要呀！我还没理解要怎么计算呢——"

动量=质量×速度

克里斯博士解释说："这个等式的意思是说，质量越大，动量越大；速度越大，动量也越大。"

红袋鼠说："所以一只小苍蝇的动量小，因为它很小，飞得也不快。但是，如果是有同样速度的一辆大卡车，它的动量就很大了，因为它的质量很大。"

克里斯博士说："对，一辆大卡车的质量很大。那你知道它为什么比路上的大多数小轿车开得慢吗？"

克里斯博士接着说："让大卡车开起来需要很多的能量，而让它停下来也需要很多能量。这全都是因为它的动量大。"

红袋鼠说："为了不让它的动量太大，因停车困难而造成事故，它必须开得慢。"

吱——　咔——

红袋鼠说："现在我知道动量了。我要保持合适的速度，随时能安全停下，我不想再摔跤了！"

版权合作方：　澳大利亚米酷传媒

图书在版编目（CIP）数据

牛顿物理. 3，停不下来 ／（加）克里斯·费里著绘 ；
那彬译. — 北京 ： 中国少年儿童出版社，2019.5
（红袋鼠物理千千问）
ISBN 978-7-5148-5362-9

Ⅰ. ①牛… Ⅱ. ①克… ②那… Ⅲ. ①物理学－儿童
读物 Ⅳ. ①04-49

中国版本图书馆CIP数据核字(2019)第051123号

审读专家：高淑梅 江南大学理学院教授，中心实验室主任

HONGDAISHU　WULI QIANQIANWEN
TING BU XIA LAI：NIUDUN WULI 3

出 版 发 行　中国少年儿童新闻出版总社
　　　　　　　中国少年儿童出版社

出　版　人：孙 柱
执行出版人：张晓楠

策　　　划：张　楠	审　　　读：林 栋 聂 冰
责任编辑：徐懿如　郭晓博	封面设计：马 欣
美术编辑：马　欣	美术助理：杨 璇
责任印务：任钦丽	责任校对：颜 轩

社　　址：北京市朝阳区建国门外大街丙12号	邮政编码：100022
总 编 室：010-57526071	传　　真：010-57526075
客 服 部：010-57526258	
网　　址：www.ccppg.cn	电子邮箱：zbs@ccppg.com.cn
印　　刷：北京尚唐印刷包装有限公司	

开本：787mm×1092mm 1/20　　　　印张：2
2019年5月北京第1版　　　　　　2019年5月北京第1次印刷
字数：25千字　　　　　　　　　　印数：10000册
ISBN 978-7-5148-5362-9　　　　　　定价：25.00元

图书若有印装问题，请随时向本社印务部（010-57526183）退换。